BEI GRIN MACHT SICH IHR WISSEN BEZAHLT

AF136439

- Wir veröffentlichen Ihre Hausarbeit,
  Bachelor- und Masterarbeit

- Ihr eigenes eBook und Buch -
  weltweit in allen wichtigen Shops

- Verdienen Sie an jedem Verkauf

Jetzt bei www.GRIN.com hochladen und kostenlos publizieren

GRIN

Verschiedene Innenwinkelsummen in regelmäßigen Sternfiguren

Tim Gilbrich

Bibliografische Information der Deutschen Nationalbibliothek:

Die Deutsche Nationalbibliothek verzeichnet diese Publikation in der Deutschen Nationalbibliografie; detaillierte bibliografische Daten sind im Internet über http://dnb.d-nb.de abrufbar.

ISBN: 9783346650955
Dieses Buch ist auch als E-Book erhältlich.

© GRIN Publishing GmbH
Nymphenburger Straße 86
80636 München

Druck und Bindung: Books on Demand GmbH, Norderstedt Germany
Gedruckt auf säurefreiem Papier aus verantwortungsvollen Quellen

Das vorliegende Werk wurde sorgfältig erarbeitet. Dennoch übernehmen Autoren und Verlag für die Richtigkeit von Angaben, Hinweisen, Links und Ratschlägen sowie eventuelle Druckfehler keine Haftung.

Das Buch bei GRIN: https://www.grin.com/document/1214881

Technische Universität Braunschweig

Fakultät für Geistes- und Erziehungswissenschaften

Institut für Didaktik der Mathematik und Elementarmathematik

Bachelorarbeit

Verschiedene Innenwinkelsummen in regelmäßigen Sternfiguren

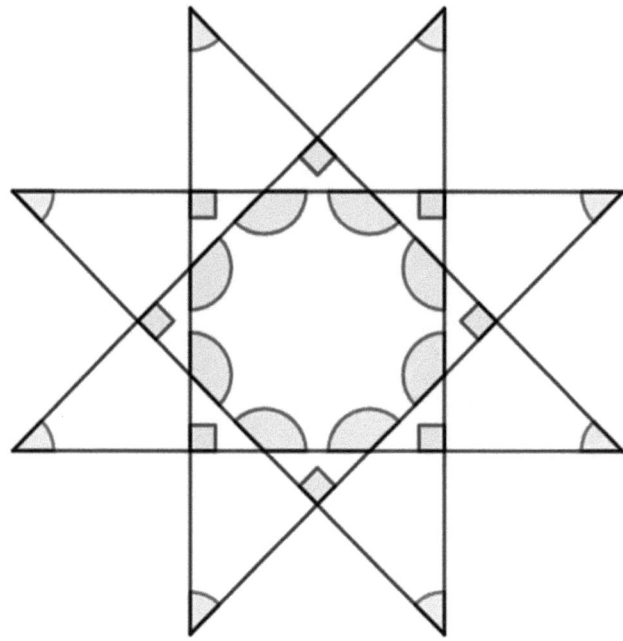

Vorgelegt von

Tim Gilbrich

Inhaltsverzeichnis

1. Einleitung

Sternfiguren begegnen wir am häufigsten in der Weihnachtszeit, wo sie in Form von Stern-polyedern als Dekorationen am Fenster hängen und in den verschiedensten Farben erleuch-ten. Bereits vor hunderten von Jahren spielten sie eine wichtige Rolle.

Das umgedrehte Pentagramm galt als Zeichen des Satanismus und wurde im Mittelalter dafür genutzt, Dämonen zu vertreiben, wobei es dort als sogenannter „Drudenfuß" bezeichnet wurde. Zudem war das aufrechte Pentagramm das Geheimzeichen der Pythagoräer. Doch auch in der heutigen Zeit gilt zum Beispiel der Davidstern als Zeichen Israels und des Juden-tums.[1] Erstmals mathematisch untersucht, wurden sie von dem Erzbischof von Canterbury Thomas BRADWARDINE (1290-1349) und später durch den deutschen Gelehrten Johannes KEPLER.[2]

Die allgemeine Innenwinkelsumme regelmäßiger Sternfiguren stellt in der Mathematik die Summe der Innenwinkel in ihren Spitzen dar, die bereits untersucht und bewiesen wurde. Ich möchte in dieser Arbeit jedoch den Begriff der Innenwinkelsumme erweitern und somit alle möglichen Winkel in regelmäßigen Sternfiguren in Betracht ziehen. Daher möchte ich mich der Frage widmen, welche Winkelsummen in regelmäßigen Sternfiguren für weitere mögliche Innenwinkelsummen in Betracht gezogen werden können.

Um diese Untersuchung durchführen zu können, werde ich in dieser Arbeit zunächst auf den Grundlagen aufbauen. Dafür werde ich erst wichtige Eigenschaften von Sternfiguren erläu-tern, um dann auf regelmäßige Sternfiguren eingehen zu können. Damit ich die jeweiligen Innenwinkelsummen beweisen kann, werde ich anschließend die Innenwinkelsumme konve-xer n - Ecke herleiten. Danach werde ich einen Beweis für die klassische Innenwinkelsumme in den Spitzen regelmäßiger Sternfiguren darstellen.

Zum Schluss möchte ich einen kurzen Ausblick auf mögliche Innenwinkelsummen in Stern-polyedern geben, wobei ich diese zunächst definiere.

1.1 Vielecke

Um Untersuchungen an Sternfiguren durchführen zu können, werde ich zunächst Vielecke grundlegend betrachten und definieren.Vielecke können zunächst grundlegend in zwei Arten aufgeteilt werden.

---

[1]Vgl. Heinrich, F.: Innenwinkelsummen nicht einfacher Sternfiguren – ein Angebot zur Förderung ma-thematischer Begabung. In: Mathematikinformation 2005 / 42. S. 50f.

[2]Vgl. Coxeter, H.S.M.: Unvergängliche Geometrie. Birkhäuser, Basel 1981. S. 56f.

Definition 1.1.1:

„Ein Vieleck, das die Ebene in zwei Gebiete teilt, heißt einfaches Vieleck."[3]

Definition 1.1.2

Ein Vieleck, bei dem sich mindestens zwei Seiten schneiden, heißt nicht einfaches oder auch *überschlagenes* Vieleck.[4]

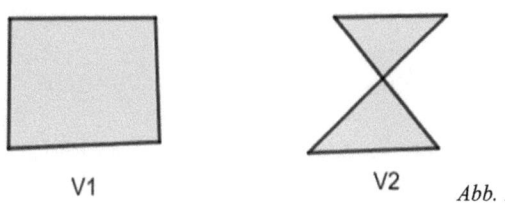

V1   V2   *Abb. 1*

In Abb.1 ist mit V1 ein einfaches und mit V2 ein überschlagenes Vieleck dargestellt.
Die Gebiete stellen das Innere und Äußere eines Vielecks dar, welche durch die Strecken zwischen den Eckpunkten getrennt werden (vgl. Abb. 2a und 2b).[5]

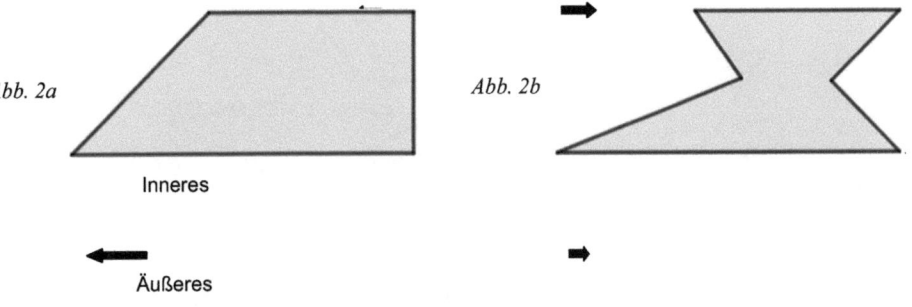

Abb. 2a   *Abb. 2b*

Inneres

Äußeres

---

[3]Heinrich, Innenwinkelsummen nicht einfacher Sternfiguren [Anm.1], S. 40.

[4]Vgl. Ohlbach, H. J. / Eisinger, N. (2017): Design Patterns für mathematische Beweise. Ein Leitfaden insbesondere für Informatiker. Berlin: Springer-Verlag. S. 53

[5]Vgl. Heinrich, Innenwinkelsummen nicht einfacher Sternfiguren [Anm.1], S. 40.

Definition 1.1.3

a) „Enthält die Verbindungsstrecke zwischen zwei beliebigen Punkten im Inneren des einfachen Vielecks nur Punkte dieses Gebietes, so heißt dieses Vieleck **konvex**."[6]

b) „Enthält die Verbindungsstrecke zwischen zwei beliebigen Punkten im Inneren des einfachen Vielecks"[7] mindestens einen Punkt im äußeren Gebiet, so heißt es **nicht konvex** oder auch **konkav**.

Abb. 2a stellt ein konvexes Viereck dar, Abb. 2b ein konkaves Sechseck.

1.2 Sternfiguren

Grundlegend betrachten wir zwei Arten von Sternfiguren: Die einfachen und die nicht einfachen Sternfiguren.

Definition 1.2.1

„Nicht konvexe Vielecke, in denen spitze und überstumpfe Innenwinkel wechselseitig aufeinander folgen, heißen **einfache Sternfiguren**."[8]

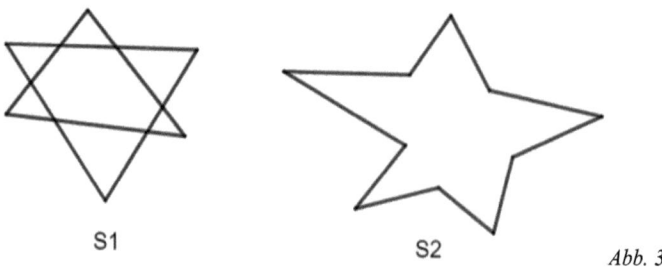

S1   S2   *Abb. 3*

Ein Beispiel für eine solche Sternfigur stellt Stern S2 in Abb. 3 dar. Da für diese Arbeit diese Art von Sternfiguren jedoch nicht relevant ist, werde ich sie nicht weiter erläutern.

---

[6]Ebd. S. 41.

[7]Ebd. S. 41.

[8]Ebd. S. 41.

Der Stern S1 stellt somit eine nicht einfache Sternfigur dar. Er wird zudem als nicht einfache *normale* Sternfigur bezeichnet, da „keine Spitze innerhalb der Figur liegt und [...] alle Ecken zugleich Eckpunkte eines konvexen Vielecks sind, das entsteht, wenn entsprechende Verbindungsstrecken gezeichnet würden."[9]

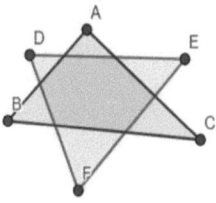

In dieser Arbeit werden keine *nicht normalen* Sternfiguren untersucht, weshalb ich die Sternfiguren fortwährend als nicht einfache Sternfiguren bezeichnen werde. Zur Verdeutlichung der Eigenschaft *normal* kann Abb. 4a betrachtet werden. Man erkennt in Abb. 4a, dass keine Spitze innerhalb der Figur liegt und dass die Punkte A, B, C das Dreieck ▲ BCA und die Punkte D, E, F das Dreieck ▲ DFE bilden würden.

Abb. 4a

Um nicht einfache Sternfiguren genau definieren zu können, werde ich zunächst wichtige Eigenschaften solcher Figuren erläutern.

Der generelle Name jeder Sternfigur hängt, wie bei einem beliebigen n-Eck von ihrer Anzahl der Ecken ab, weshalb es sich bei Abb. 4a zum Beispiel um einen Sechsstern handelt.

Die Strecken einer nicht einfachen Sternfigur heißen *Seiten* der Figur. Allein die Sternspitzen bezeichnet man als *Ecken* der nicht einfachen Sternfigur (in Abb. 4b hervorgehobenen). Die restlichen Schnittpunkte werden nicht zu den Ecken gezählt.[10]

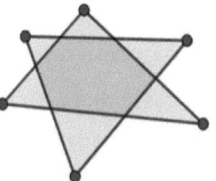

Abb. 4b

Handelt es sich bei einer Sternfigur um einen geschlossenen Streckenzug, welcher ohne abzusetzen gezeichnet wurde, so handelt es sich um eine *nicht zerfallende Sternfigur* (siehe S4, Abb. 5). Wird eine Sternfigur in mehreren Zügen gezeichnet, so handelt es sich um eine *zerfallende Sternfigur* (siehe S3, Abb. 5).[11] „Sie repräsentieren kein Vieleck, sondern stellen ein System sich überschneidender Vielecke einer Sorte dar, wobei keine Spitze zur Durchschnittsmenge dieser Vielecke gehört."[12]

---

[9]Ebd. S. 41.

[10]Vgl. Ebd. S.41.

[11]Vgl. Heinrich, F. / Jakobi, L. (2018): Innenwinkelsummen von regelmäßigen und halbregelmäßigen Sternfiguren. In: Der Mathematikunterricht (MU) 64 / 2. S. 5.

[12]Ebd. S. 5.

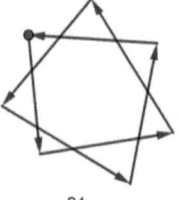

S3   S4

Abb. 5

1.2.1 Konstruktion und Bezeichnung nicht einfacher Sternfiguren

Um eine nicht einfache Sternfigur erzeugen zu können, benötigt man zunächst das entsprechende konvexe n – Eck. So wird für die Erzeugung eines nicht einfachen Sechssterns ein konvexes Sechseck benötigt.

Als nächstes wird eine Strecke von jedem Eckpunkt des Sechsecks zum Übernächsten gegen den Uhrzeigersinn gezeichnet (vgl. Abb. 6: AC, BD, CE, DF). Allein diese Schritte genügen, um eine nicht einfache Sternfigur zu erzeugen.

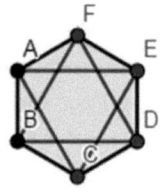

Abb. 6

„Die Konstruktion lässt sich auf alle konvexen n-Ecke übertragen und liefert für alle n > 4 mit n ∈ N nicht einfache Sternfiguren."[13]

Wenn man jedoch Abb. 7a mit 7b vergleicht, so fällt auf, dass aus dem selben konvexen Siebeneck zwei unterschiedliche nicht einfache Sternfiguren entstanden sind. In Abb. 5b wurde nicht eine Strecke von jedem Eckpunkt zum Übernächsten, sondern dem Drittnächsten gezeichnet, womit gleich zwei Eckpunkte übersprungen wurden.

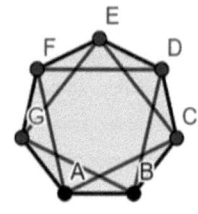

Abb. 7a

---

[13]Heinrich, Innenwinkelsummen nicht einfacher Sternfiguren [Anm.1], S. 43.

7

Nach BARTH u.a. (1989) gilt: „Ein n – Eck ergibt sich genau dann, wenn man jede Ecke mit der k – ten darauf folgenden Ecke verbindet und n und k teilerfremd sind. Die Verbindung der Ecken n und k liefert dasselbe n – Eck wie die Verbindung der Ecken n und n – k."[14]

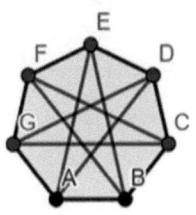

Abb. 7b

Es können also aus einem n – Eck mehrere verschiedene nicht einfache Sternfiguren konstruiert werden, wobei es (n-3) Möglichkeiten gibt.[15]

Nach ZEITLER (1987) handelt es sich genau dann um zerfallende Sternfiguren, wenn k ≠ 1 und ggT(k, n) ≠ 1.[16]

Somit können nicht einfache Sternfiguren folgendermaßen definiert werden:

Definition 1.2.1.1

„Vorgelegt sei ein konvexes n-Eck (n ∈ N, n > [4]). Die Figur, die entsteht, wenn jeder Eckpunkt mit der k-ten darauf folgenden Ecke (k ∈ N, 1 < k < n – 1) durch eine Strecke verbunden wird, heißt nicht einfache Sternfigur."[17]

Durch diese Definition von HEINRICH (2005) fällt auf, dass eine Bezeichnungsweise für nicht einfache Sternfiguren benötigt wird, die sowohl die Eckenanzahl des Sterns, als auch die Anzahl übersprungener Ecken bei der Konstruktion verwendet.

Dafür verwende ich in dieser Arbeit die Symbolik nach SCHLÄFLI ✕, die bei COXETER (1981)[18] noch einmal verdeutlicht wurde. Dabei stellt p die Anzahl der Ecken dar und d die Dichte des p – Ecks. Die Dichte definiert COXETER (1981) folgendermaßen: „Da ein Strahl durch den Mittelpunkt, der keine Ecke trifft, *d* der *p* Seiten schneidet, heißt *d* die *Dichte* des Vielecks."[19] Er zeichnet somit einen Strahl, der vom Mittelpunkt ausgeht und aus dem Vieleck hinausragt, dabei jedoch keine Ecke trifft. Die Dichte stellt die Anzahl an den dabei geschnittenen Seiten dar.

[14]Barth, F. u.a. (1989): Anschauliche Geometrie 4. München: Ehrenwirth. S. 7.

[15]Vgl. Heinrich, Innenwinkelsummen nicht einfacher Sternfiguren [Anm. 1], S. 44.

[16]Vgl. Zeitler, H. (1987): Reguläre Polygone. In: Didaktik der Mathematik 1. S. 22.

[17]Heinrich, Innenwinkelsummen nicht einfacher Sternfiguren [Anm. 1], S. 45.

[18]Vgl. Coxeter, Unvergängliche Geometrie [Anm. 2], S. 56.

[19]Ebd. S. 56.

Um jedoch bei der Definition nicht einfacher Sternfiguren nach HEINRICH (2005) zu bleiben, werde ich in dieser Arbeit folgende Symbolik verwenden:

Zur Verdeutlichung können folgende Sternfiguren mit ihrer Bezeichnung betrachtet werden:

Abb. 8a   *Abb. 8b*   *Abb. 8c*

1.2.2 Regelmäßige Sternfiguren

Eine spezielle Art von Sternfiguren sind die regelmäßigen Sternfiguren, welche in dieser Arbeit betrachtet werden.

BARTH u.a. (1989) definiert regelmäßige n – Ecke folgendermaßen:

Definition 1.2.2.1

„Ein n – Eck heißt **regelmäßig**, wenn alle Seiten gleich lang und alle Winkel gleich groß sind.[20]

Um diese Definition auf nicht einfache Sternfiguren zu übertragen, werde ich in dieser Arbeit mit der Definition nach HEINRICH (2005) arbeiten.

Definition 1.2.2.2

„Nicht einfache Sternfiguren mit sämtlich gleich langen Seiten und sämtlich gleich großen Innenwinkel heißen nicht einfache regelmäßige Sternfiguren."[21]

---

[20]Barth, Anschauliche Geometrie [Anm. 14], S. 6.

[21]Heinrich, Innenwinkelsummen nicht einfacher Sternfiguren [Anm. 1], S.50.

9

In Abb. 9 ist ein Pentagramm (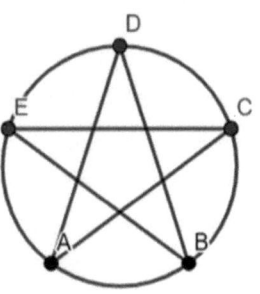) mit sei-
nem Umkreis dargestellt. Der folgende Sach-
verhalt ist erkennbar: Bogen DE = Bogen EA =
Bogen AB = Bogen BC = Bogen CD.

Somit haben nicht einfache regelmäßige
Sternfiguren die besondere Eigenschaft, dass
„alle Ecken auf einem Kreis gleich weit vonei-
nander entfernt [liegen]. Ferner sind nicht ein-
fache regelmäßige Sternfiguren dreh- und achsensymmetrisch [...] ."[22]

Abb. 9

1.3 Innenwinkelsumme konvexer n – Ecke

Nun möchte ich die allgemeine Formel für die Innenwinkelsumme eines konvexen n – Ecks
herleiten, um dann möglicherweise eine Analogie zur Innenwinkelsumme einer nicht einfachen regelmäßigen Sternfigur finden zu können.

Zum Herleiten der Formel stelle ich zunächst die Innenwinkelsumme eines Drei- bis Sieben-
ecks in folgender Tabelle dar.

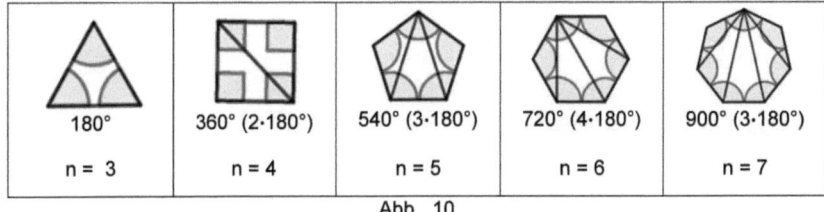

180°	360° (2·180°)	540° (3·180°)	720° (4·180°)	900° (3·180°)
n = 3	n = 4	n = 5	n = 6	n = 7

Abb. 10

Anhand der Tabelle lässt sich erkennen, dass die Innenwinkelsumme ab n = 3 stetig um 180°
steigt. Es ist bewiesen, dass die Innenwinkelsumme eines Dreiecks stets 180° beträgt. Auffällig ist, dass die Innenwinkelsumme der konvexen n – Ecke ein Vielfaches der Innenwinkelsumme eines Dreiecks (180°· x) aufweist. Dies habe ich durch die Unterteilung der konvexen
n – Ecke in Dreiecke verdeutlicht. Vergleicht man den Faktor x der n – Ecke mit ihrer Eckenanzahl n, so erkannt man, dass der Faktor x durch den Minuenden n und den Subtrahenden
2 ersetzt werden kann (x = n - 2). Somit lässt sich folgende Formel für die Innenwinkelsumme
konvexer Vielecke aufstellen:

---

[22]Ebd. S.50.

$I = 180° \cdot (n - 2)$. Dies gilt für alle $n \in N$, wobei $n > 2$.

Satz 1.3.2.1

Die Innenwinkelsumme I der konvexen n – Ecke beträgt: $I = 180° \cdot (n - 2)$ **für ($n \in N$, $n > 2$)**.

Da der Beweis für diesen Zusammenhang den Rahmen der Arbeit sprengen würde, kann dieser bei SACHS (1890)[23] nachvollzogen werden.

Somit lässt sich die Größe eines Innenwinkels α in einem konvexen n – Eck erschließen. Sie beträgt die Innenwinkelsumme des konvexen n – Ecks dividiert durch seine Eckenanzahl n:

2. Innenwinkelsummen regelmäßiger Sternfiguren

2.1 Klassische Innenwinkelsumme regelmäßiger Sternfiguren bis Eckzahl 12

Beim folgenden Beweis werde ich mich an dem Beweis von HEINRICH (2005) orientieren.

Um einen guten Überblick über die nicht einfachen regelmäßigem Sternfiguren und ihre Innenwinkel zu erhalten, sind in der nachfolgenden Tabelle alle solche Figuren für die Eckzahlen fünf bis zwölf mit ihren jeweiligen Innenwinkel dargestellt. Zum besseren Vergleich befinden sich vor den Sternfiguren die passenden regelmäßigen konvexen Vielecke.[24]

Da entartete Sternfiguren (Innenwinkelsumme = 0°) zwar der Vollständigkeit halber in der Tabelle vorkommen, sie für den Beweis jedoch außer acht gelassen werden können, werde ich nicht mehr auf diese Sterne eingehen.

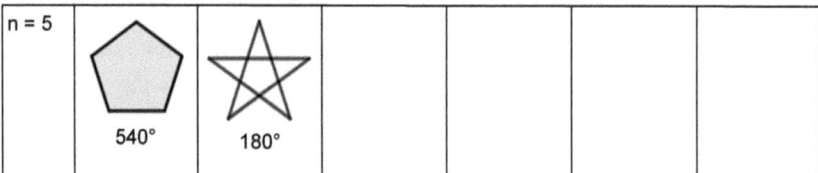

---

[23]Sachs, J. (1890): Lehrbuch der ebenen Elementar-Geometrie (Planimetrie). Zweiter Teil: Der Winkel und die parallelen Linien. In: Kleyer, A. / Sachs, J.: Lehrbuch der ebenen Elementar-Geometrie (Planimetrie): für den Schulunterricht und das Selbststudium bearbeitet nach eigenem System und in Rücksicht auf die Grundbegriffe der Infinitesimalrechnung. Stuttgart: Julius Maier. S. 95.

[24]Vgl. Heinrich, Innenwinkelsummen nicht einfacher Sternfiguren [Anm. 1], S. 54.

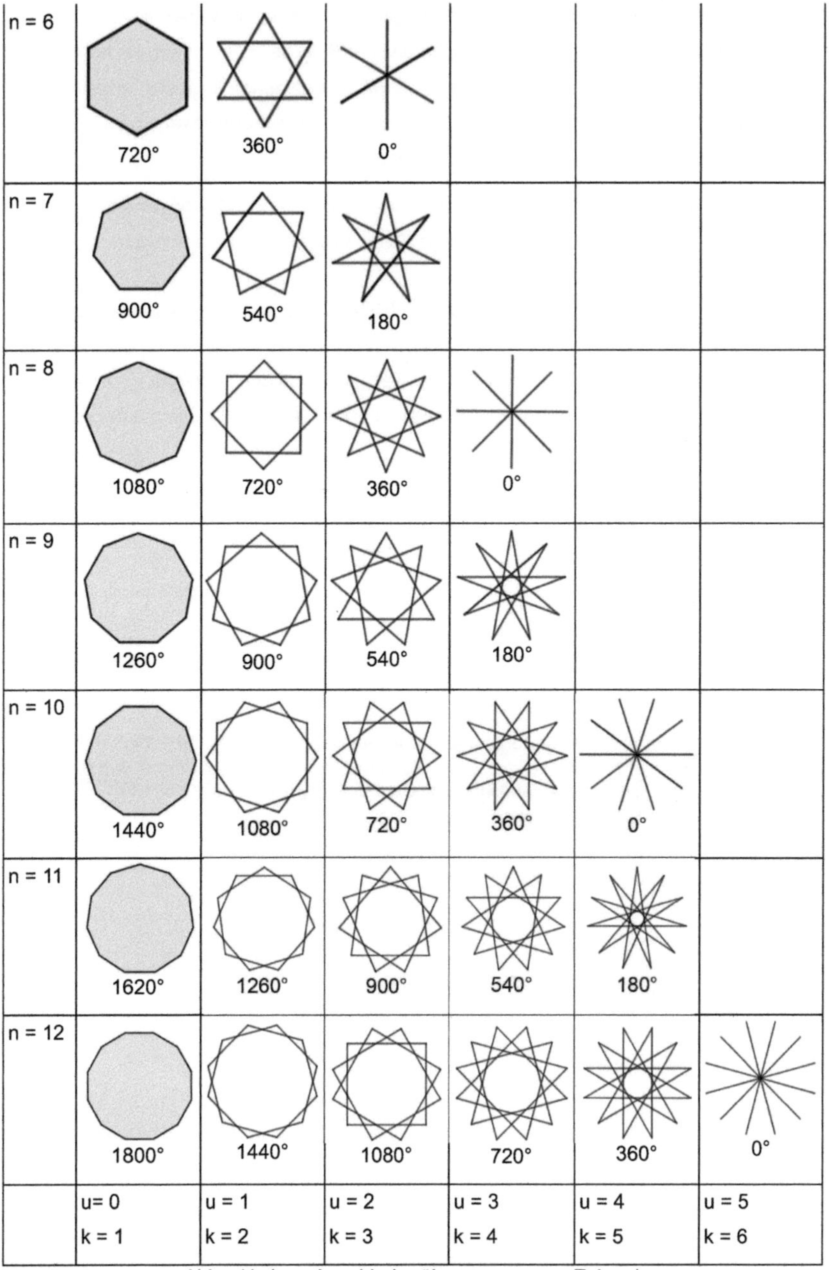

	u= 0 k = 1	u = 1 k = 2	u = 2 k = 3	u = 3 k = 4	u = 4 k = 5	u = 5 k = 6
n = 6	720°	360°	0°			
n = 7	900°	540°	180°			
n = 8	1080°	720°	360°	0°		
n = 9	1260°	900°	540°	180°		
n = 10	1440°	1080°	720°	360°	0°	
n = 11	1620°	1260°	900°	540°	180°	
n = 12	1800°	1440°	1080°	720°	360°	0°

Abb. 11 (u = Anzahl der übersprungenen Ecken)

12

Auffällig ist, dass die Innenwinkelsumme ausgehend vom regelmäßigen konvexen Vieleck stetig um 360° abnimmt. Somit lässt sich daraus der Schluss ziehen, dass ein höherer Wert von k eine niedrigere Innenwinkelsumme impliziert. Andersherum lässt sich erkennen, dass die Innenwinkelsumme bei einer ungeraden Zahl n und dem Maximalwert von k immer 180° beträgt. Bei einer geraden Zahl n beträgt diese jedoch 360°.[25]

Es ist zudem erkennbar, dass die Innenwinkelsumme bei jeder Spalte von n = 5 bis schließlich n = 12 stetig bei jedem (n+1) um 180° steigt. Dabei fällt auf, dass das konvexe regelmäßige Fünfeck dieselbe Innenwinkelsumme, wie die nicht einfache regelmäßige Sternfigur ⨉ besitzt. Der gleiche Sachverhalt lässt sich beim Sechseck und der Sternfigur ⨉ nachvollziehen. Somit kann man die Vermutung aufstellen, dass die Innenwinkelsumme der nicht einfachen regelmäßigen Sternfiguren ⨉ der Innenwinkelsumme des konvexen regelmäßigen (n – 2) - Vielecks entspricht. Ein ähnlicher Zusammenhang lässt sich mit der Innenwinkelsumme der nicht einfachen regelmäßigen Sternfiguren ⨉ und der Innenwinkelsumme des jeweiligen regelmäßigen konvexen (n – 4) – Ecks und der der ⨉ - Sterne und den jeweiligen (n – 6) – Vielecken feststellen.[26]

„Die bisherigen Befunde lassen folgende Formel vermuten: **I = 180° · (n – 2k)**
Sogar für entartete Figuren resultiert dabei die korrekte ‚Innenwinkelsumme' von 0°.
Für den Fall k = 1 geht diese Gleichung in die bekannte Beziehung I = 180° · (n – 2) zur Bestimmung der Innenwinkelsumme in konvexen Vielecken über."[27]

---

[25]Vgl. Ebd. S. 55.
[26]Vgl. Ebd. S. 55.
[27]Ebd. S. 56.

Diese Vermutung werde ich nun nach HEINRICH (2005) beweisen, der sich dabei an ZEITLER (1987) orientierte.

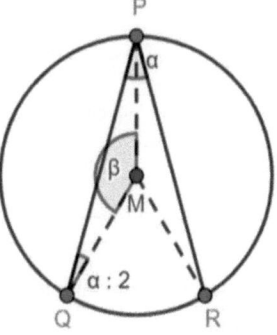
Abb. 12

Behauptung: l = 180° · (n – 2k)

Voraussetzung:

Da es sich um nicht einfache regelmäßige Sternfiguren handelt, sind alle Innenwinkel gleich groß, weshalb für diesen Beweis eine Sternzacke genauer betrachtet wird (Abb. 12). Winkel α ist hierbei der Innenwinkel.

Dreieck PMQ und Dreieck RMP sind gleichschenklig.

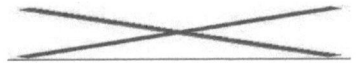

Beweis:

„Nicht zerfallende regelmäßige Sterne schließen sich genau dann, wenn gilt"[28]:

$$\beta \cdot n = k \cdot 360° \quad l : n$$

(1)

„Für die Innenwinkelsumme im Dreieck PMQ gilt"[29]:

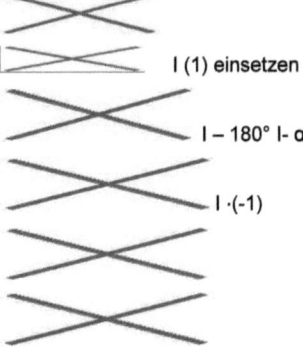

l (1) einsetzen

l – 180° l- α

l ·(-1)

---

[28]Ebd. S.56.

[29]Ebd. S.56.

14

Da α im Stern n – fach vorkommt, gilt für die Innenwinkelsumme:

=> Beh. q.e.d.

Somit lautet der Satz über die Summe der Innenwinkel in nicht zerfallenden regelmäßigen Sternfiguren folgendermaßen:

Satz 2.1.1

„Die Innenwinkelsumme I der nicht zerfallenden Sternfigur ╳ beträgt $I_{n.k} = 180° \cdot (n - 2k)$."[30]
Somit lässt sich die Größe eines Innenwinkels α in einem konvexen n – Eck erschließen. Sie beträgt die Innenwinkelsumme des nicht zerfallenden regelmäßigen Sterns dividiert durch

seine Eckenanzahl n: ╳

2.2 Andere Sichtweisen zum Begriff Innenwinkelsummen

Im Folgenden möchte ich den Begriff der Innenwinkelsumme in regelmäßigen Sternfiguren erweitern, indem ich alle möglichen Winkel im Inneren einer regelmäßigen Sternfigur in Betracht ziehe. Dabei werde ich zunächst auf die einzelnen Winkel eingehen, um mithilfe der Summe dieser Winkel endliche, explizite Formeln in Abhängigkeit von k zu entwickeln.

---

[30]Ebd. S.56.

2.2.1 Innenwinkelsumme innerer n - Ecke

Als erstes möchte ich die Innenwinkel der inneren n - Ecke einer nicht einfachen regelmäßigen Sternfigur betrachten. Dabei orientiere ich mich an den symmetrischen Strategien nach BECKER (1987)[31]. Bei nicht einfachen regelmäßigen Sternfiguren mit $k > 2$ ist zu erkennen, dass im Inneren des Sterns der $(k - 1)$-Stern entsteht.

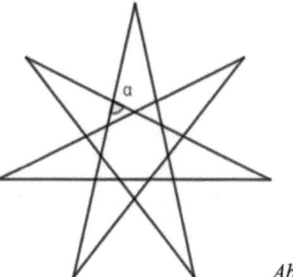

Abb. 13

So entsteht zum Beispiel im Inneren des ⨉- Sterns der ⨉- Stern (vgl. Abb. 13). Dieses Prinzip lässt sich für höhere Werte von k fortsetzen. In einem ⨉- Stern entsteht ein ⨉- Stern, in dem ein ⨉- Stern entsteht (vgl Abb. 8c). Somit kann sich bei dieser Innenwinkelsumme an der klassischen Innenwinkelsumme aus Kapitel 2.1 orientiert werden: $I_{n,k} = 180° \cdot (n - 2k)$. Da jedoch die inneren Innenwinkel betrachtet werden, gilt für die Innenwinkelsumme der inneren Sternfiguren:

Satz 2.2.1.1

Die Innenwinkelsumme innerer nicht zerfallender regelmäßiger Sternfiguren beträgt

$$Ii_{n,k} = 180° \cdot (n - 2(k - 1)).$$

Da mit $k = 1$ konvexe regelmäßige n – Ecke entstehen, ist es nicht verwunderlich, dass zum Beispiel beim Pentagramm im Inneren ein konvexes regelmäßiges Fünfeck entsteht (vgl. Abb. 14). Man kann auch sagen, dass ein Pentagramm entsteht, wenn auf jede Seite eines regelmäßigen konvexen Fünfecks ein gleichschenkliges Dreieck gesetzt wird.[32] Somit kann diese Innenwinkelsumme ebenfalls mit $I_{n,k} = 180° \cdot (n - 2(k - 1))$ berechnet werden, da für $k = 2$ die

Abb. 14

---

[31]Vgl. Becker, G. (1987): Über den Beitrag des Geometrieunterrichts zum Erwerb heuristischer Strategien. In: math. Didact. 10, 3 / 4. S. 130-133.

[32]Vgl. Heinrich / Jakobi, Innenwinkelsummen von regelmäßigen und halbregelmäßigen Sternfiguren [Anm. 11], S. 7. und Becker, Über den Beitrag des Geometrieunterrichts zum Erwerb heuristischer Strategien [Anm. 30], S. 130.

Formel zur Berechnung der Innenwinkelsumme konvexer n – Ecke, $I_{n,k} = 180° \cdot (n-2)$ entsteht.

Wie man anhand von Abb. 13 erkennen kann, entstehen auch im Innersten eines Sterns mit k > 2 regelmäßige konvexe n – Ecke. So bildet sich hier im Siebenstern ein Siebeneck.

2.2.2 Innenwinkelsumme überstumpfer Winkel

Nun betrachte ich den überstumpfen Innenwinkel zwischen den Ecken einer nicht einfachen regelmäßigen Sternfigur. Vergleicht man Abb. 15 und 16, so fällt auf, dass der gesuchte Winkel δ den Restwinkel von α darstellt, wobei es sich bei α um den Scheitelwinkel von β handelt. Bei genauerer Betrachtung ist erkennbar, dass β den Innenwinkel des inneren Sterns darstellt, der in Kapitel 2.2.1 behandelt wurde. Somit wird die Summe dieses Winkels mit $I_{n,k} = 180° \cdot (n - 2(k-1))$ berechnet.

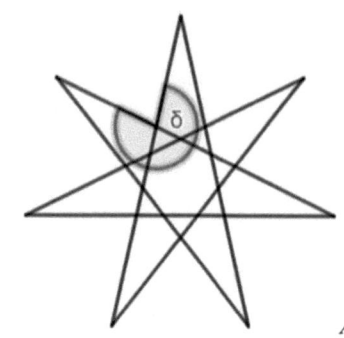

Abb. 15

Da nur der Winkel β betrachtet wird, dividiere ich die Innenwinkelsumme durch die Eckenanzahl des

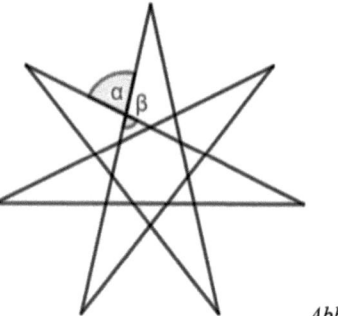

Sterns:  .

Das Ausmultiplizieren des Zählers liefert:

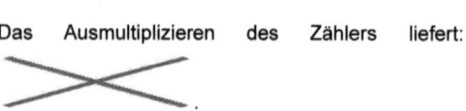 .

Abb. 16

Da es sich bei β um den Scheitelwinkel von α handelt, gilt: α = β. Daraus folgt:

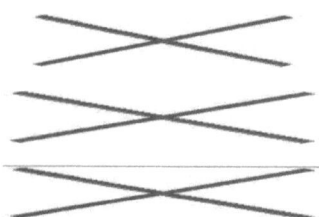 . Da δ den Restwinkel von α darstellt, gilt: 360° = α + δ (Vollwinkel). Umstellen auf δ liefert: δ = 360° - α. Einsetzen von α liefert:

17

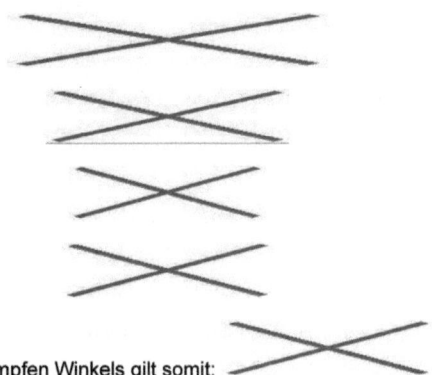

Für die Größe des überstumpfen Winkels gilt somit:

Da der Winkel im Stern n – mal vorkommt, multipliziere ich ihn mit der Eckenanzahl n:

Das Kürzen von n liefert: $Iu_{n,k}= 180°·(n + 2 (k – 1))$.

Satz 2.2.2.1

Die Innenwinkelsumme überstumpfer Innenwinkel zwischen den Ecken eines nicht zerfallenden regelmäßigen Sterns beträgt $Iu_{n,k}= 180°·(n + 2 (k – 1))$.

Abb. 18

Abb. 17

Durch das Vorkommen konvexer regelmäßiger n – Ecke im Innersten der Sternfigur, berücksichtige ich dessen Innenwinkelgröße ebenfalls wie in Kapitel 2.2.1. $Iu_{n,k}$ = 180° · (n + 2(k – 1)) kann übertragen werden, da k = 2 $I_{n,k}$ = 180° · (n + 2) liefert. Hierbei fällt auf, dass es sich um die Restwinkelsumme konvexer n – Ecke handelt, was keinen Zufall darstellt, wenn man die Winkelbeziehungen zwischen α, β und δ betrachtet (Abb. 17, 18). Da α und β gleich groß sind besitzt α dadurch die Größe des Innenwinkels des konvexen n - Ecks. Da δ der Restwinkel von α ist, stellt er somit auch den Restwinkel des konvexen n – Ecks dar.

2.2.3 Endliche Innenwinkelsumme innerer n – Ecke

Als nächstes möchte ich als mögliche Innenwinkelsumme die Summe aller Winkel in den äußersten, sowie in allen inneren Spitzen der Sternfigur betrachten (vgl. Abb. 19) und möchte dafür die Formel zur Berechnung der Innenwinkelsumme eines nicht zerfallenden regelmäßigen Sterns benutzen: $I_{n,k} = 180° \cdot (n - 2k)$

Da bei $k = 1$ die Innenwinkelsumme eines konvexen Vielecks berechnet wird, werden auch die Innenwinkel dieses n – Ecks dazu gezählt.

Für den ✕- Stern würde die Rechnung folgendermaßen aussehen:

$I_{n,k} = 180° \cdot (n - 2k) + 180° \cdot (n - 2(k-1)) + 180° \cdot (n - 2(k-2)) + 180° \cdot (n - 2(k-3))$

$= 180° \cdot ((n - 2k) + (n - 2(k-1)) + (n - 2(k-2)) + (n - 2(k-3)))$

$= 180° \cdot (n - 2k + n - 2k + 2 + n - 2k + 4 + n - 2k + 6)$

$= 180° \cdot (4n - 8k + 12)$

$I_{12,4} = 180° \cdot (4 \cdot 12 - 8 \cdot 4 + 12)$

$= 180° \cdot (48 - 32 + 12)$

$= 180° \cdot 28$

$= 5040°$ I Da sich k stetig verringert, analysiere ich die Formel in Bezug auf k

$= 1260° \cdot k = 7 \cdot 180° \cdot k = \underline{(n - k - 1) \cdot 180° \cdot k}$

Vermutete Formel: ‾‾✕‾‾

Das selbe Prinzip wende ich am ✕- Stern an:

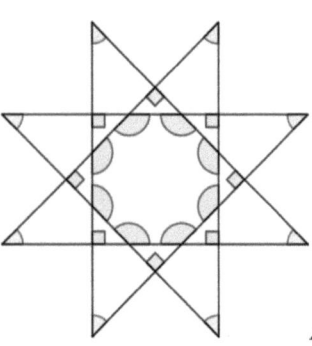

$I_{n,k} = 180° \cdot (n - 2k) + 180° \cdot (n - 2(k-1)) + 180° \cdot (n - 2(k-2))$

$= 180° \cdot ((n - 2k) + (n - 2(k-1)) + (n - 2(k-2)))$

$= 180° \cdot (n - 2k + n - 2k + 2 + n - 2k + 4)$

$= 180° \cdot (3n - 6k + 6)$

$I_{8,3} = 180° \cdot (3 \cdot 8 - 6 \cdot 3 + 6)$

$= 180° \cdot (24 - 18 + 6)$

$= 180° \cdot 12$

Abb. 19

= 2160°

= 720° · k = 4 · 180° · k = (n-k-1) · 180° · k

Weiterhin vermutete Formel: ⨯

Zuletzt teste ich dieses Prinzip nochmal am - Stern:

$I_{n,k}$ = 180° · (n − 2k) + 180° · (n − 2(k-1)) + 180° · (n − 2(k-2)) + 180° · (n − 2(k-3)) · (n − 2(k-4))

= 180° · ((n − 2k) + (n − 2(k-1)) + (n − 2(k-2)) + (n − 2(k-3)) + (n − 2(k-4)))

= 180° · (n − 2k + n − 2k + 2 + n − 2k + 4 + n - 2k + 6 + n − 2k + 8)

= 180° · (5n − 10k + 20)

= 180° · (kn − 2k² + n + 6)

= 180° · (5 · 14 − 2 · 25 + 14 + 6)

= 180 · (70 − 50 + 20)

= 180° · 40

= 7200°

= 1440° · k = 8 · 180° · k = (n-k-1) · 180° · k

Weiterhin vermutete Formel: ⨯

Alle drei Berechnungen der Innenwinkelsummen lassen die selbe Formel vermuten: ⨯

Ausmultiplizieren liefert: $I_{n,k}$ = **180° · (nk - k² - k)**

Diese Formel möchte ich nun mithilfe des Beweisverfahren der vollständigen Induktion beweisen. Wem diese Beweisart noch unbekannt ist, kann sie bei FRITZSCHE (2016)[33] nachvollziehen.

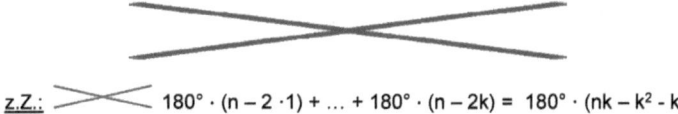

z.Z.: ⨯ 180° · (n − 2 · 1) + ... + 180° · (n − 2k) = 180° · (nk − k² - k)

Induktionsanfang: k = 1

180° · (n − 2·1) <=> 180° · (n·1 − 1² - 1)

[33]Fritzsche, K. (2016): Tutorium Mathematik für Einsteiger. Berlin, Heidelberg: Springer Spektrum. S. 49-51.

$180° \cdot (n - 2) = 180° \cdot (n - 2)$ => Wahre Aussage

Induktionsvoraussetzung:

Für ein festes, aber beliebiges n, k ∈ ℕ gelte :

$180° \cdot (n - 2 \cdot 1) + ... + 180° \cdot (n - 2k) = 180° \cdot (nk - k^2 - k)$

Induktionsschluss: k => k +1

z.Z.: ✕ $180° \cdot (n - 2 \cdot 1) + ... + 180° \cdot (n - 2k) = 180° \cdot (nk - k^2 - k)$

=> $180° \cdot (n - 2 \cdot 1) + ... + 180° \cdot (n - 2(k+1)) = 180° \cdot (n(k+1) - (k+1)^2 - (k+1))$

$180° \cdot (n - 2 \cdot 1) + ... + 180° \cdot (n - 2k - 2) = 180° \cdot (nk + n - (k^2 + 2k + 1) - k - 1)$

$180° \cdot (n - 2 \cdot 1) + ... + 180° \cdot (n - 2k - 2) = 180° \cdot (nk + n - k^2 - 2k - 1 - k - 1)$

$180° \cdot (n - 2 \cdot 1) + ... + 180° \cdot (n - 2k - 2) = 180° \cdot (nk + n - k^2 - 3k - 2)$

Beweis: ✕

$= 180° \cdot (nk - k^2 - k) + 180° \cdot (n - 2k - 2)$

$= 180° \cdot (nk - k^2 - k + n - 2 - 2)$

$= 180° \cdot (nk - k^2 - 3k + n - 2)$

$= \underline{180° \cdot (nk + n - k^2 - 3k - 2)}$

=> Aus dem Induktionsanfang und Induktionsschluss folgt die Behauptung.   q.e.d.

Durch die Vollständige Induktion ist der folgende Satz bewiesen:

Satz 2.2.3.1

Die Summe aller Innenwinkel IG in den Ecken eines nicht zerfallenden regelmäßigen Sterns

✕ beträgt $IG_{n,k} = 180° \cdot (nk - k^2 - k)$.

2.2.4 Endliche Innenwinkelsumme überstumpfer Winkel

Nun möchte ich als mögliche Innenwinkelsumme die Summe aller Winkel aus Kapitel 2.2.4 im gesamten Stern betrachten (vgl. Abb. 20). Daher verwende ich die Formel: $I_{n,k} = 180° \cdot (n + 2(k - 1))$, mit $(k - x)_{Max} = 1$. Zur Untersuchung werde ich mit den selben Sternen aus Kapitel 2.2.3 rechnen.

Für den ✕ - Stern würde die Rechnung folgendermaßen aussehen:

21

$I_{n,k} = 180°·(n + 2(k-1)) + 180°·(n + 2(k-2)) + 180°·(n + 2(k-3))$

$= 180° · (n + 2k - 2 + n + 2k - 4 + n + 2k - 6)$

$= 180° · (3n + 6k - 12)$

$I_{12,4} = 180° · (3 · 12 + 6 · 4 - 12)$

$= 180° · (36 + 24 - 12)$

$= 180° · 48$

$= 8640°$ I Da ich eine Formel mit Bezug auf $(k - 1)$ herleiten möchte, dividiere ich mit $(k - 1)$

$= 2880° · (k-1) = 16 · 180° · (k-1) = \underline{(n+k) · 180° · (k-1)}$

Anhand der ersten Untersuchung lässt sich also folgende Formel vermuten:

$I = 180°(n+k)(k-1)$

Als nächstes untersuche ich den ✕- Stern.

$I_{n,k} = 180°·(n + 2(k-1)) + 180°·(n + 2(k-2))$

$= 180° · (n + 2k - 2 + n + 2k - 4)$

$= 180° · (2n + 4k - 6)$

$I_{8,3} = 180° · (2 · 8 + 4 · 3 - 6)$

$= 180° · (16 + 12 - 6)$

$= 180° · 22$

$= 3960°$

$= 1320° · k = 7,3 · 180° · k$, da $7,3 \notin \mathbb{N}$ kann diese Formel nicht verwendet werden.

$= 1980° · (k-1) = 11 · 180° · (k-1) = \underline{(n+k) · 180° · (k-1)}$

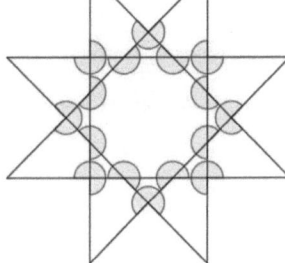

Abb. 20

Somit lässt sich momentan folgende Formel weiterhin vermuten: $I = 180°(n+k)(k-1)$

Zuletzt teste ich dieses Prinzip nochmal am ✕- Stern:

$I_{n,k} = 180°·(n + 2(k-1)) + 180°·(n + 2(k-2)) + 180°·(n + 2(k-3)) + 180°·(n + 2(k-4))$

$= 180° · (n + 2k - 2 + n + 2k - 4 + n + 2k - 6 + n + 2k - 8)$

$= 180° · (4n + 8k - 20)$

$I_{14,5} = 180° · (4 · 14 + 8 · 5 - 20)$

$= 180° \cdot (56 + 40 - 20)$

$= 180° \cdot 76$

$= 13680°$

$= 3420° \cdot (k-1) = 19 \cdot 180° \cdot (k-1) = \underline{(n+k) \cdot 180° \cdot (k-1)}$

Alle drei Berechnungen der Innenwinkelsummen lassen die selbe Formel vermuten:

$$I_{n,k} = 180°(n+k)(k-1)$$

Diese Formel möchte ich nun anhand einer vollständigen Induktion beweisen.

Da das innerste n – Eck mit der Formel für die Restwinkelsumme $R = 180° \cdot (n + 2)$ berechnet wird, muss $(k - 1) \neq 0$ sein, weshalb der Induktionsanfang bei $k = 2$ beginnt.

z.Z.: $180° \cdot (n + 2(2 - 1)) + \ldots + 180° \cdot (n + 2(k - 1)) = 180° (n + k)(k - 1)$

<u>Induktionsanfang: $k = 2$</u>

$180° \cdot (n + 2(2 - 1)) \Longleftrightarrow 180° (n + 2)(2 - 1)$

$180° \cdot (n + 2 \cdot 1) \Longleftrightarrow 180° (n + 2)(1)$

$180° \cdot (n + 2) = 180° \cdot (n + 2) \qquad \Rightarrow$ Wahre Aussage

<u>Induktionsvoraussetzung:</u>

Für ein festes, aber beliebiges k gelte:

$180° \cdot (n + 2(2 - 1)) + \ldots + 180° \cdot (n + 2(k - 1)) = 180° (n + k)(k - 1)$

<u>Induktionsschluss: $k \Rightarrow k + 1$</u>

z.Z.: $180° \cdot (n + 2(2-1)) + \ldots + 180° \cdot (n + 2(k-1)) = 180° (n+k)(k-1)$

$\Rightarrow 180° \cdot (n + 2(2-1)) + \ldots + 180° \cdot (n + 2((k+1)-1)) = 180° (n+(k+1))((k+1)-1)$

$180° \cdot (n + 2(2-1)) + \ldots + 180° \cdot (n + 2k) = 180° (n + k + 1)(k)$

Beweis:

$= 180° (n + k)(k - 1) + 180° \cdot (n + 2k)$

$= 180° ((n + k)(k - 1) + (n + 2k))$

$$= 180° (nk - n + k^2 - k + n + 2k)$$

$$= 180° (nk + k^2 + k)$$

$$= \underline{180° (n + k + 1) (k)}$$

=> Aus dem Induktionsanfang und Induktionsschluss folgt die Behauptung.   q.e.d.

Durch die vollständige Induktion ist der folgende Satz bewiesen:

Satz 2.2.4.1

Die Summe aller überstumpfen Innenwinkel zwischen zwei Sternecken in einem nicht einfa-

chen regelmäßigen Stern ⟨⟨ beträgt $IuG_{n,k} = 180°$ **(n+k) (k-1)**.

2.2.5 Vereinigte endliche Innenwinkelsumme

Zu guter Letzt möchte ich herausfinden, ob eine Formel existiert, die die Formeln aus Kapitel 2.1 und 2.2.4 vereint. Dazu zähle ich die klassische Innenwinkelsumme der Spitzen des Ausgangssterns und die Innenwinkelsumme aller inneren überstumpfen Winkel (vgl. Abb. 21).

Die Innenwinkelsumme der überstumpfen Winkel wird wie in Kapitel 2.2.4 berechnet. Für diese Formel addiere ich nun die beiden Formeln:

$$IV_{n,k} = 180° (n+k) (k-1) + 180° \cdot (n - 2k)$$

$$= 180° ((n + k) \cdot (k - 1) + (n - 2k))$$

$$= 180° (nk - n + k^2 - k + n - 2k)$$

$$= \underline{180° \cdot (nk + k^2 - 3k)}$$

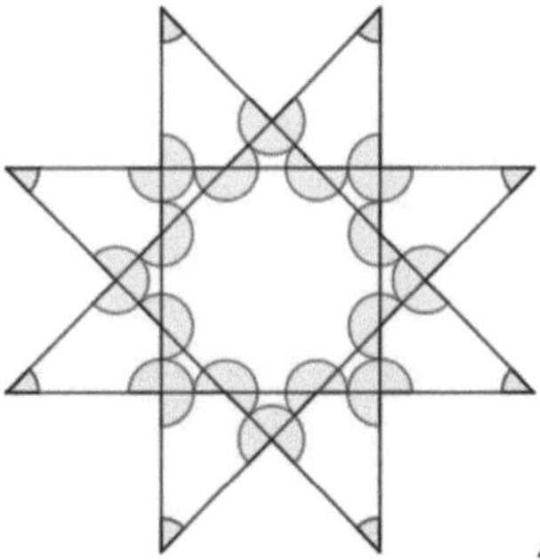

Abb. 21

Diese Formel teste ich zunächst an den ausgewählten Sternen aus den vorherigen beiden Kapiteln.

Somit beginne ich die meine Berechnung am ⟨⟨ - Stern.

$$I_{n,k} = 180° \cdot (n - 2k) + 180° \cdot (n + 2(k - 1)) + 180° \cdot (n + 2(k - 2)) + 180° \cdot (n + 2(k - 3))$$

$$= 180° \cdot ((n - 2k) + (n + 2(k - 1)) + (n + 2(k - 2)) + (n + 2(k - 3)))$$

$$= 180° \cdot (n - 2k + n + 2k - 2 + n + 2k - 4 + n + 2k - 6)$$

$$= 180° \cdot (4n + 4k - 12)$$

$$I_{12,4} = 180° \cdot (12 \cdot 4 + 4 \cdot 4 - 12)$$

$$= 180° \cdot (48 + 16 - 12)$$

$= 180° \cdot 52$

$= 9360°$

$= 8640°$ (siehe Kapitel 2.2.4) $+ 720°$ (IWS ✕- Stern)

$IV_{n,k} = 180° \cdot (nk + k^2 - 3k)$

$IV_{12,4} = 180° \cdot (12 \cdot 4 + 4^2 - 3 \cdot 4)$

$= 180° \cdot (48 + 16 - 12)$

$= 180° \cdot 52$

$= \underline{9360°}$

Beim ersten Stern liefert die Formel das richtige Ergebnis. Die generelle Richtigkeit des Ergebnisses lässt sich durch die Berechnung des selben Sterns in Kapitel 2.2.4 addiert mit der

IWS des ✕- Sterns beweisen.

Nun führe ich die Berechnung am ✕- Stern fort.

$I_{n,k} = 180° \cdot (n - 2k) + 180° \cdot (n + 2(k - 1)) + 180° \cdot (n + 2(k - 2))$

$= 180° \cdot ((n - 2k) + (n + 2(k - 1)) + (n + 2(k - 2)))$

$= 180° \cdot (n - 2k + n + 2k - 2 + n + 2k - 4)$

$= 180° \cdot (3n + 2k - 6)$

$I_{8,3} = 180° \cdot (3 \cdot 8 + 2 \cdot 3 - 6)$

$= 180° \cdot (24 + 6 - 6)$

$= 180° \cdot 24$

$= 4320°$

$= 3960°$ (siehe Kapitel 2.2.4) $+ 360°$ (IWS ✕- Stern)

$IV_{n,k} = 180° \cdot (nk + k^2 - 3k)$

$IV_{n,k} = 180° \cdot (8 \cdot 3 + 3^2 - 3 \cdot 3))$

$= 180° \cdot (24 + 9 - 9)$

$= 180° \cdot 24$

$= \underline{4320°}$

Auch bei diesem Stern liefert die Formel das richtige Ergebnis.

Zu guter Letzt teste ich die Formel am $\times$- Stern.

$I_{n,k} = 180° \cdot (n - 2k) + 180° \cdot (n + 2(k - 1)) + 180° \cdot (n + 2(k - 2)) + 180° \cdot (n + 2(k - 3)) + 180° \cdot (n + 2(k - 4))$

$= 180° \cdot ((n - 2k) + (n + 2(k - 1)) + (n + 2(k - 2)) + (n + 2(k - 3)) + (n + 2(k - 4)))$

$= 180° \cdot (n - 2k + n + 2k - 2 + n + 2k - 4 + n + 2k - 6 + n + 2k - 8)$

$= 180° \cdot (5n + 6k - 20)$

$I_{14,5} = 180° \cdot (5 \cdot 14 + 6 \cdot 5 - 20)$

$= 180° \cdot (70 + 30 - 20)$

$= 180° \cdot 80$

$= 14400°$

$= 13680°$ (siehe Kapitel 2.2.4) $+ 720°$ (IWS $\times$- Stern)

$IV_{n,k} = 180° \cdot (nk + k^2 - 3k)$

$IV_{14,5} = 180° \cdot (14 \cdot 5 + 5^2 - 3 \cdot 5)$

$= 180° \cdot (70 + 25 - 15)$

$= 180° \cdot 80$

$= \underline{14400°}$

Auch beim letzten Stern liefert die Formel das richtige Ergebnis. Da die Formel aus bewiesenen Formeln hergeleitet wurde und die Berechnungen stets richtige Ergebnisse liefern, gilt hier der Beweis durch Rechnung. Somit gilt für die vereinigte Innenwinkelsumme:

Satz 2.2.5.1

Die Vereinigte endliche Innenwinkelsumme beträgt $IV_{n,k} = 180° \cdot (nk + k^2 - 3k)$.

3. Ausblick zu regulären Sternpolyeder

Bisher habe ich Innenwinkelsummen in regelmäßigen Sternvielecken betrachtet, wobei ich nun im Ausblick die regulären Sternpolyeder untersuchen werde. Dafür werde ich zunächst reguläre Polyeder und Polyederecken betrachten, um dann auf Sternpolyeder einzugehen.

26

Danach stelle ich die vier regulären Sternpolyeder vor, um dann schlussendlich ihre Innenwinkelsumme betrachten zu können. Bei den Grundlagen zu Polyedern und regulären Stern-
polyedern werde ich mich vor allem an den Befunden von ROMAN (1987) orientieren.

3.1 Polyeder

Definition 3.1.1

„Polyeder sind Körper, die von Polygonen [...] begrenzt sind."[34]

Die zu untersuchenden Sternpolyeder gehören zu den regulären Polyedern.

Definition 3.1.2

„Als *reguläres* (oder *metrisch reguläres*) *Polyeder* wird ein Polyeder mit gleichen regulären
Flächen und gleichen regulären Polyederecken bezeichnet."[35]

Definition 3.1.3

„Unter einer *Polyederecke* verstehen wir eine Figur, die aus
einem Punkt V, aus *n* (*n* ≥ 3) von V ausgehenden Halbgeraden
VA, VB, VC, . . ., VJ, VK (in dieser Reihenfolge) und aus den
Innengebieten der ebenen Winkel AVB, BVC, . . ., JVK, KVA
besteht.[36]"

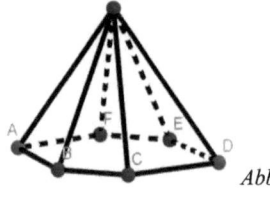

Abb. 22

„Der Punkt V heißt *Ecke* der Polyederecke; die Halbgeraden
VA, VB, . . ., VK sind ihre *Kanten*; *ebene Winkel* der Polyederecke sind die Winkel AVB, BVC, . . ., KVA; ihre (Seiten-) *Flä-
chen* sind die Innengebiete dieser Winkel; die *Flächenwinkel* der Polyederecke sind die Winkel zwischen je zwei Seitenflächen, deren Scheitel jeweils auf den Kanten VA, VB, . . . liegen
(für n = 6 siehe Abb. [22]) Eine Polyederecke besitzt mindestens drei Flächen [...]."[37]

Definition 3.1.4

„Als *reguläre Polyederecke* wird eine konvexe Polyederecke mit gleichen ebenen Winkeln
und gleichen Flächenwinkeln bezeichnet."[38]

---

[34]Benölken, R. / Gorski, H. - J. / Müller – Phillip, S. (2018): Leitfaden Geometrie. Für Studierende der
   Lehrämter. Wiesbaden: Springer Spektrum. 7. Auflage. S. 57.

[35]Roman, T. (1987): Reguläre und halbreguläre Polyeder. Mit 76 Abbildungen. Thun, Frankfurt am
   Main: Verlag Harri Deutsch. S.26.

[36]Ebd. S. 6.

[37]Ebd. S. 26.

[38]Ebd. S. 26.

Da die Polyederecken eines regulären Sternpolyeders jedoch konkav sind, benötigen diese eine erweiterte Definition.

Definition 3.1.5

„Als *reguläre Sternpolyederecke* bezeichnen wir eine konkave Polyederecke, deren ebene Winkel sämtlich einander gleich sind, und welche gleiche spitze Flächenwinkel besitzt."[39]

Jedes reguläre Polyeder besitzt eine sogenannte Umkugel, auf der alle Ecken des Polyeders liegen. Nach SCHLÄFLI wird ein Polyeder mit folgender Symbolik bezeichnet: { p, q }. Dabei steht p für die Anzahl an Ecken einer Fläche und p für die Anzahl an Kanten in einer Ecke. So wird zum Beispiel das Tetraeder mit { 3, 3 } bezeichnet, da es aus Dreiecken besteht und immer drei Kanten an einer Ecke zusammentreffen.[40]

3.2 Arten regulärer Sternpolyeder

Um die vier regulären Sternpolyeder zu konstruieren, „bildet man, ausgehend von einer Ecke eines konvexen regulären Polyeders, mit Hilfe anderer Ecken des Polyeders reguläre Polygone. Ein derartiges Polygon kann Fläche eines Sternpolyeders sein, das dieselben Ecken wie das konvexe Polyeder hat, von dem wir ausgegangen sind. Damit die Konstruktion des Sternpolyeders ausführbar ist, ist notwendig, daß die so in der Umgebung einer Ecke gebildeten Polygone zu einer Polyederecke zusammengesetzt werden können."[41]

Das nach CAYLEY benannte kleine Sterndodekaeder (Abb. 23) ergibt sich durch das reguläre Ikosaeder und hat als Seitenflächen fünf Pentagramme und die Eckfiguren bestehen aus regelmäßigen konvexen Fünfecken. Ein solches reguläres Sternpolyeder besitzt 12 Ecken, 12 Flächen und 30 Kanten.[42]

Das von KEPLER entdeckte große Sterndodekaeder (Abb. 24) ergibt sich durch das reguläre Dodekaeder und besitzt als Seitenflächen drei Pentagramme, die Eckfiguren stellen jedoch regelmäßige Dreiecke dar. Es besitzt 20 Ecken, 12 Flächen und 30 Kanten.[43]

Das von POINSOT entdeckte große Dodekaeder (Abb. 25) ergibt sich durch das reguläre Ikosaeder und stellt den Dualkörper zum kleinen Sterndodekaeder dar, da die Seitenflächen

---

[39]Ebd. S. 39.

[40]Vgl. Quaisser, E. (1986): Reguläre Sternpolyeder. In: Fischer, G. (Hrsg.) Mathematische Modelle. Kommentarband. Berlin: Akademie-Verlag. S. 63.

[41]Roman, Reguläre und halbreguläre Polyeder [Anm. 35], S. 41.

[42]Vgl. Ebd. S. 65. und Roman, Reguläre und halbreguläre Polyeder [Anm. 35], S. 45.

[43]Vgl. Quaisser, Reguläre Sternpolyeder [Anm. 40], S. 65. und Roman, Reguläre und halbreguläre Polyeder [Anm. 35], S. 42.

fünf konvexe Fünfecke und die Eckfiguren Pentagramme sind. Es besitzt 12 Ecken, 12 Flächen und 30 Kanten.[44]

Als letztes entdeckte ebenfalls POINSOT den Dualkörper zum großen Sterndodekaeder (Abb. 26) und zwar das große Ikosaeder, welches sich durch das reguläre Ikosaeder ergibt und aus fünf gleichseitigen Dreiecken als Seitenflächen und Pentagrammen als Eckfiguren besteht. Es besitzt 12 Ecken, 12 Flächen und 30 Kanten.[45]

3.3 Mögliche Innenwinkelsummen

Um die Innenwinkelgröße einer Polyederecke zu bestimmen wird die Summe S der Winkel, der zusammenkommenden n – Ecke benötigt[46]. Die Innenwinkelsumme stellt somit die Summe der Summe S dar:

$IWS = e \cdot S$

$IWS = e \cdot \alpha_p \cdot q.$

Dabei steht e für die Anzahl an Polyederecken. Diese Berechnung werde ich anhand der vier regulären Sternpolyeder darstellen. Zunächst beginne ich mit dem kleinen Sterndodekaeder:

$e = 12, \quad q = 5, \quad \alpha(\text{✕}) = 36°$

$S = \alpha \cdot q = 5 \cdot 36°$

$S = 180°$

$ISW = e \cdot S = 12 \cdot 180°$

$\underline{IWS = 2160°}$

Für das große Sterndodekaeder ergibt sich folgendes:

$e = 20, q = 3, \quad \alpha(\text{✕}) = 36°$

$S = \alpha \cdot q = 3 \cdot 36°$

$S = 108°$

---

[44]Vgl. Quaisser, Reguläre Sternpolyeder [Anm. 40], S. 65. und Roman, Reguläre und halbreguläre Polyeder [Anm. 35], S.43.

[45]Vgl. Quaisser, Reguläre Sternpolyeder [Anm. 40], S. 65. und Roman, Reguläre und halbreguläre Polyeder [Anm. 35], S. 42f..

[46]Walser, H. (2011): Winkeldefizite bei konvexen Polyedern. In: Mathematikinformation 54. S. 44.

$\text{ISW} = e \cdot S = 20 \cdot 108°$

$\underline{\text{ISW} = 2160°}$

Es ist erkennbar, dass sich dieselbe Innenwinkelsumme ergibt. Als nächstes überprüfe ich die Innenwinkelsumme beim großen Dodekaeder.

$e = 12, q = 5, \alpha_5 = 108°$

$S = \alpha \cdot q = 5 \cdot 108°$

$S = 540°$

$\text{ISW} = e \cdot S = 12 \cdot 540°$

$\underline{\text{IWS} = 6480°}$

Dieses Mal beträgt die Innenwinkelsumme das Dreifache des Dualkörpers, was daran liegt, das der Innenwinkel eines regelmäßigen konvexen Fünfecks drei mal so groß ist, wie der des Pentagramms.

Als letztes berechne ich die Innenwinkelsumme des großen Ikosaeders.

$e = 12, q = 5, \alpha_5 = 60°$

$S = \alpha \cdot q = 5 \cdot 60°$

$S = 300°$

$\text{IWS} = e \cdot S = 12 \cdot 300°$

$\underline{\text{IWS} = 3600°}$

Da der Innenwinkel 1,6 – fach größer ist als der des Dualkörpers, trifft dieses auch bei der Innenwinkelsumme zu.

Als weitere Innenwinkelsumme können die Innenwinkel, die zwischen den Polyederecken liegen, in Betracht gezogen werden. Diese Ecken stellen die Polyederecken des platonischen Ausgangskörpers dar. Da das große Sterndodekaeder mithilfe des regulären Dodekaeders konstruiert wird, gilt somit für dessen Zwischenwinkelsumme:

$\text{ZIWS} = \text{IWS}_{\{5,3\}}$

$= e \cdot q \cdot \alpha_p$

$= 20 \cdot 3 \cdot 108°$

$\underline{= 6480°}$

Da die anderen drei regulären Sternpolyeder mithilfe des regulären Ikosaeders konstruiert werden, gilt für diese:

$ZIWS = IWS_{\{3,5\}}$

$= e \cdot q \cdot \alpha_p$

$= 12 \cdot 5 \cdot 60°$

$\underline{= 3600°}$

Hierbei fällt auf, dass diese Innenwinkelsumme mit der des großen Ikosaeders übereinstimmt, was daran liegt, dass in dessen Ecken ebenfalls fünf regelmäßige Dreiecke aufeinandertreffen.

Als letztes kann die Summe der Flächenwinkel betrachtet werden, wobei ich für die Summe nur einen Flächenwinkel pro Kante betrachte. „Unter den Flächenwinkeln verstehen wir die Winkel zwischen zwei an einer Kante aneinanderstoßenden Seitenflächen."[47] Somit gilt für diese Innenwinkelsumme Folgendes:

$FWS \approx k \cdot \beta$

Dabei steht k für die Kantenanzahl des Sternpolyeders und β stellt den Flächenwinkel dar.

Da das große Ikosaeder zwei unterschiedliche Flächenwinkel besitzt, gilt für dieses:

$FWS \approx k_1 \cdot \beta_1 + k_2 \cdot \beta_2$

4. Fazit

Die Erweiterung der Innenwinkelsumme regelmäßiger Sternfiguren auf alle betrachtbaren Winkel im Inneren dieser Sternfiguren liefert drei endliche Winkelsummen. Zum einen ergibt sich die Summe aller Winkel in den Ecken, sowohl in denen des Ausgangssterns, als auch in denen aller im Inneren vorkommenden Sterne. Außerdem ergibt sich die Summe aller Winkel zwischen diesen Ecken, die ebenfalls auf alle Sterne anwendbar ist. Die Kombination dieser beiden Innenwinkelsummen ergibt die Summe der Winkel in den Ecken des Ausgangssterns, addiert mit der Summe der Winkel zwischen den Ecken aller Sterne.

Da es sich hierbei um meine Interpretation der Erweiterung der Innenwinkelsumme regelmäßiger Sternfiguren handelt, ist es möglich, dass noch weitere verschiedene Innenwinkelsummen existieren, die sich auf andere Weisen beweisen lassen. Somit kann mit einem Blick in die Zukunft gesagt werden, dass noch zahlreiche weitere Entdeckungen für Sternfiguren möglich sind, da der Bereich der Winkelsummen der Sternfiguren noch wenig erforscht wurde.

---

[47]Walser, H.: Flächenwinkelsumme. Quelle: https://www.walser-h-m.ch/hans/Miniaturen/F/Flaechen-winkelsumme/Flaechenwinkelsumme.pdf letzter Zugriff am 20.06.2021, 11:28 Uhr. S.1.

Da ich in meiner Arbeit nur auf regelmäßige Sternfiguren eingegangen bin, bleibt abzuwarten, was sich für halbregelmäßige oder einfache Sternfiguren ergibt.

Ein Blick in den Raum hat gezeigt, dass auch verschiedene Innenwinkelsummen für reguläre Sternpolyeder existieren, wobei auch hier gesagt werden muss, dass ich nur einen Ausblick für diesen Bereich geliefert habe. Es können also weitere Winkel und Summen existieren und auch im Bereich des Raumes kann mit dem Verzicht auf Regularität noch sehr viel mehr entdeckt werden.

Literaturverzeichnis

Barth, F. u.a. (1989): Anschauliche Geometrie 4. München: Ehrenwirth.

Becker, G. (1987): Über den Beitrag des Geometrieunterrichts zum Erwerb heuristischer Strategien. In: math. Didact. 10, 3 / 4. S.123-145.

Benölken, R. / Gorski, H. - J. / Müller – Phillip, S. (2018): Leitfaden Geometrie. Für Studierende der Lehrämter. Wiesbaden: Springer Spektrum. 7. Auflage.

Coxeter, H.S.M. (1981): Unvergängliche Geometrie. Basel: Birkhäuser.

Fritzsche, K. (2016): Tutorium Mathematik für Einsteiger. Berlin, Heidelberg: Springer Spektrum.

Heinrich, F. (2005): Innenwinkelsummen nicht einfacher Sternfiguren – ein Angebot zur Förderung mathematischer Begabung. In: Mathematikinformation 42. S. 40-58.

Heinrich, F. / Jakobi, L. (2018): Innenwinkelsummen von regelmäßigen und halbregelmäßigen Sternfiguren. In: Der Mathematikunterricht (MU) 64 / 2. S. 4-17.

Ohlbach, H. J. / Eisinger, N. (2017): Design Patterns für mathematische Beweise. Ein Leitfaden insbesondere für Informatiker. Berlin: Springer-Verlag.

Quaisser, E. (1986): Reguläre Sternpolyeder. In: Fischer, G. (Hrsg.): Mathematische Modelle. Kommentarband. Berlin: Akademie-Verlag. S. 63-68.

Roman, T. (1987): Reguläre und halbreguläre Polyeder. Mit 76 Abbildungen. Thun, Frankfurt am Main: Verlag Harri Deutsch.

Sachs, J. (1890): Lehrbuch der ebenen Elementar-Geometrie (Planimetrie). Zweiter Teil: Der Winkel und die parallelen Linien. In: Kleyer, A. / Sachs, J.: Lehrbuch der ebenen Elementar-Geometrie (Planimetrie): für den Schulunterricht und das Selbststudium bearbeitet nach eigenem System und in Rücksicht auf die Grundbegriffe der Infinitesimalrechnung. Stuttgart: Julius Maier.

Walser, H. (2011): Winkeldefizite bei konvexen Polyedern. In: Mathematikinformation 54. S. 44 - 51.

Zeitler, H. (1987): Reguläre Polygone. In: Didaktik der Mathematik 1.

Internetquellen

Walser, H.: Flächenwinkelsumme. Quelle: https://www.walser-h-m.ch/hans/Miniaturen/F/Flaechenwinkelsumme/Flaechenwinkelsumme.pdf letzter Zugriff am 20.06.2021, 11:28 Uhr.

Abbildungsverzeichnis

Die Abbildungen 1 - 22 wurden eigenhändig mit dem Programm *GeoGebra Classic* erstellt.

Die Idee von Abb. 2a und 2b stammt aus: Heinrich, F.: Innenwinkelsummen nicht einfacher Sternfiguren – ein Angebot zur Förderung mathematischer Begabung. In: Mathematikinformation 2005 / 42. S. 40 (Abb. 1a, b).

Die Idee von Abb. 5 stammt aus: Heinrich, F. / Jakobi, L. (2018): Innenwinkelsummen von regelmäßigen und halbregelmäßigen Sternfiguren. In: Der Mathematikunterricht (MU) 64 / 2. S. 5 (Abb. 3a, b, c).

Der Ursprung von Abb. 11 stammt aus: Heinrich, F.: Innenwinkelsummen nicht einfacher Sternfiguren – ein Angebot zur Förderung mathematischer Begabung. In: Mathematikinformation 2005 / 42. S.55 (Abb. 31). und wurde von mir weitergeführt.

Die Idee von Abb. 12 stammt aus: Zeitler, H. (1987): Reguläre Polygone. In: Didaktik der Mathematik (1). S.27 (Fig. 7).

Die Idee von Abb. 22 stammt aus: Roman, T. (1987): Reguläre und halbreguläre Polyeder. Mit 76 Abbildungen. Thun, Frankfurt am Main: Verlag Harri Deutsch. S. 26 (Abb. 1).